step 2

手指仿钩针编织
…P.19

圆形坐垫
…P.20

手拎包
…P.24

简约毛线帽
…P.26

防寒护腿
…P.28

防寒手套
…P.32

绒球毛线帽
…P.34

圆形披肩
…P.38

编织玩偶
（兔子、狗熊、猴子）
…P.42

step 3

手指仿棒针编织
…P.47

奢华毛领
…P.48

三色围巾
…P.52

手指仿麻花花样
编织的围巾
…P.56

马甲
…P.60

· ·

本书的使用方法…P.2
POINT记下来吧
…P.18、31、41、46、55、59

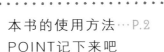

本书的使用方法

本书介绍了三种编织方法，
分别为"手指仿莉莉安编织""手指仿钩针编织""手指仿棒针编织"。
从 step1 的手指仿莉莉安编织到 step3 的手指仿棒针编织，
难度是逐渐增加的，
因此，请参考本书中的分类介绍，选择想要编织的作品。

作品的说明
说明作品的
特点

需要准备的材料和工具
标明了本作品上所使用的线和工具。
如果想和图片上的作品一模一样，请
准备相同的线。需要注意的是，使用
的线不同，成品的尺寸也会有差异。

编织图（制图、符号图）
作品的编织方法由图来表现。手指仿钩针编
织和手指仿棒针编织部分，由编织符号图（以
下简称为"符号图"）来表现。每个编织方法，
都有相应的图片进行解释说明。

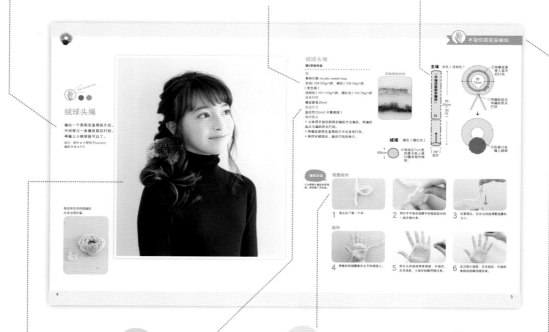

作品的图片
与编织方法相结合来看，
可以用来参考成品的样
子或是使用方法。

**成品尺寸、
编织要点**
标明了用指定的线编织后成品
的尺寸，并且简洁概括了编织
要点。请认真阅读后再开始编
织。

编织步骤图
大多数作品的编织方法中，
除了有编织符号图，也配有
编织步骤图，还有会参照前
文出现过的图片。请结合符
号图一并作为参考。

编织类别索引
用的是"手指仿莉莉安
编织""手指仿钩针编
织""手指仿棒针编织"
中的哪一种编织方法，
看此处便会一目了然。

step 1

手指仿莉莉安编织

大家知道**莉莉安编织**吗？

是指在有突起的筒状编织棒上用钩针挂线编织的作品。

而我们是用手指来完成此种编织，因此称之为"手指仿莉莉安编织"。

把左手当作编织器，右手挂线进行编织，就可以完成一个筒状的织片。

不光能够编织出细长的小物件，

还可以将多个织片缝到一起，拼接出各种各样的形状。

Yubi Lily-yarn ami

绒球头绳

编出一个莉莉安直筒织片后，
中间穿过一条橡皮筋后打结，
再缝上小绒球就可以了。

设计、制作 ● 小野优子(ucono)
编织方法 ● P.5

换成亮色系的线编织
出来也很好看。

绒球头绳

第4页的作品

线
奥林巴斯 nicotto sweet loop
灰色(109)10g/1团、褐色（ 108 ）8g/1团
（变色版）
浅棕色（ 101 ）10g/1团、橙红色（ 103 ）8g/1团

其他材料
橡皮筋各20cm

成品尺寸
直径约12cm（不算绒球）

编织要点
● 主体用手指仿莉莉安编织方法编织，将编织
起点与编织终点打结。
● 将橡皮筋穿在直筒织片中后首尾打结。
● 制作好绒球后，缝在打结的地方。

实物粗细的线

主体 灰色（浅棕色）

（手指仿莉莉安编织）

约50cm
（30行）

约10cm

（4针）起针

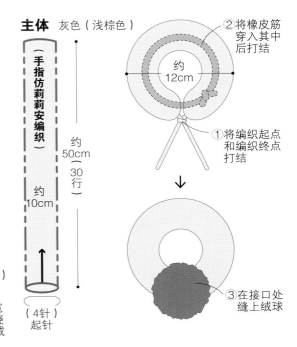

②将橡皮筋穿入其中后打结

约12cm

①将编织起点和编织终点打结

③在接口处缝上绒球

绒球 褐色（橙红色）

约6cm

※将线在7cm宽的厚卡纸上绕50圈来制作绒球。

编织方法

※为使图片看起来更清楚，特别换了另色线。

线圈起针

1 线头向下做一个环。

2 用右手手指在线圈中间捏起较长的一端并拽出来。

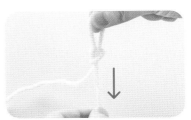

3 拉紧短头，拉长头的线调整线圈的大小。

起针

4 将做好的线圈套在左手的拇指上。

5 将长头的线按照食指前、中指后、无名指前、小指后的顺序绕过来。

6 这次按小指前、无名指后、中指前、食指后的顺序绕回来。

7 回到食指后，绕到起针上面。

8 捏起食指上最下面的线。

9 绕到食指的背面。

10 捏起中指上最下面的线，绕到中指背面。一直以这样的方式编完小指上的线。

11 第1行织完。小指旁边的长线头从手背绕1圈回来后，落在第1行的上面。重复步骤**8~11**。

第3行以后

12 织完一定的行数后就把拇指上的线圈摘下来，继续编织。

13 织片在手背处成型，中间有渡线通过。

收针

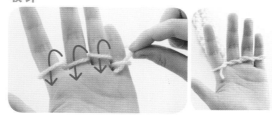

14 编好指定的行数之后，织线留15cm长剪掉，从小指开始按照顺序穿过线头。

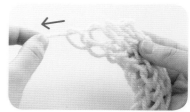

15 把线从手指上摘下，轻轻拉动线头收紧织片。

整理织片

16 拉伸织片后里面的连接线会自动调整，形成筒状。

17 拉起针的线头，把步骤**12**摘下来的拇指上的线圈解开，整理整个织片。

穿橡皮筋

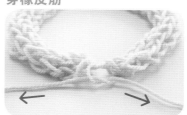

18 将起针和收针的两个线头打结形成圆环。

整理线头

19 在变成筒状的织片中间穿入橡皮筋。

20 把橡皮筋首尾打结。改变织片线头的位置，编到织片里头后，再仔细打一次结。

21 把织片的线头各自藏到起针和收针的织片当中。

制作绒球

22 把线头藏入10cm左右后，剩下的部分要剪掉。

7cm

23 准备好第5页指定宽度的厚卡纸，在中心部分剪口。在厚卡纸上绕上线。

24 绕好了指定的圈数。

※为使图片看起来更清楚，特别换了另色线。

25 从剪口处穿过另色线，在中央牢牢地绕上两圈并打结系紧。

26 剪断线圈，从厚卡纸上取下来。

27 用剪刀修剪成整齐的球形。保留绑着中心的线。

28 绒球完成。

29 将绒球上的线系织片上。多换几个地方牢牢地系上线。剪掉多余的线头。

30 完成。

花朵发卡

绕圈圈盘起来
在中心位置缝上小珠珠或是亮片
作为装饰。
在花朵发卡下方装饰上叶子形的毛毡。

设计、制作 ● 小野优子(ucono)
编织方法 ● P.10

玫瑰胸针

如果加入丝带和蕾丝的话
就会成为勋章式的装饰品。

设计、制作 ● 小野优子(ucono)
编织方法 ● P.10

Yubi Lily-yam ami

● ●

手编发带

将手指仿莉莉安编织的 3 根织片
编成三股辫，
再夹着环形的橡皮筋缝合，
就成了这条美丽的发带。

设计、制作 ◉ 小野优子(ucono)
编织方法 ◉ P.11

Yubi Lily-yam ami

● ●

双色手环

将两根手指仿莉莉安编织的织片在两端打结，
可在一端缝上纽扣后
扣起来使用，
或是缠起来用也很有趣。

设计、制作 ◉ 小野优子(ucono)
编织方法 ◉ P.11

花朵发卡、玫瑰胸针

第8页的作品
• •

线
和麻纳卡 farne　发卡：紫色系混合（6）3g/1团；胸针：多色混合（1）3g/1团

其他材料
共同：带托盘的发卡各1个、直径6mm的亮片各9个、大圆珠各9个、串珠针、串珠线、黏合剂
发卡：毛毡6cm×6cm（做两片叶子用）
胸针：缎带2.5cm×24cm、蕾丝缎带1.5cm×24cm

成品尺寸
共同：直径约7cm（不算毛毡叶子、缎带）

编织要点
共同：主体是用两根合为一股的线用手指仿莉莉安编织完成，留大约50cm的线头剪断。织成细长的筒状织片后盘出一个圆形，剩下的线头用于平针缝固定。将亮片和串珠重叠在一起，用串珠针和串珠线将其缝在中心位置。
发卡：用黏合剂将毛毡做的叶子粘在主体的反面，在上面再粘上发卡。
胸针：两种缎带各自对折后重合在一起，反面用黏合剂粘起来，在上面再粘上发卡。

发卡叶子的实物大小纸样

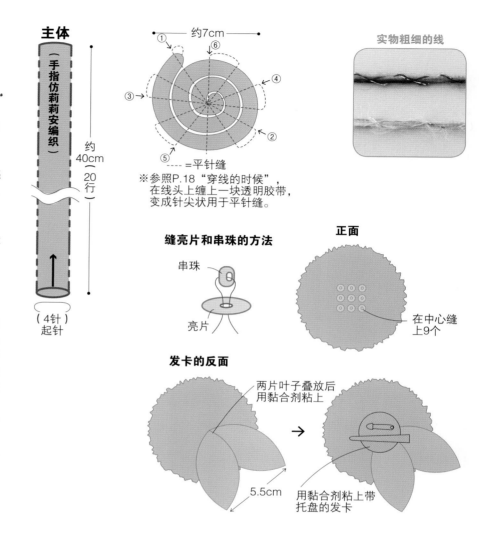

主体
（手指仿莉莉安编织）
约40cm（20行）
（4针）起针

约7cm

※参照P.18 "穿线的时候"，在线头上缠上一块透明胶带，变成针尖状用于平针缝。

---- ＝平针缝

实物粗细的线

缝亮片和串珠的方法
串珠
亮片

正面
在中心缝上9个

发卡的反面
两片叶子叠放后用黏合剂粘上
5.5cm
用黏合剂粘上带托盘的发卡

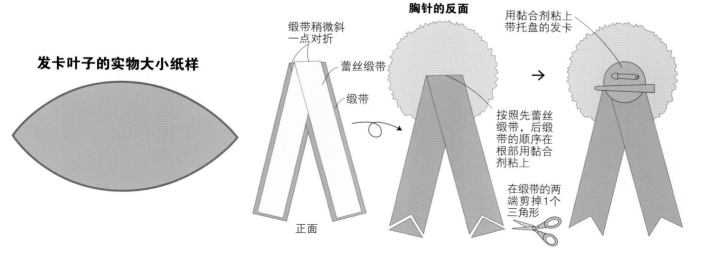

胸针的反面
缎带稍微斜一点对折
蕾丝缎带
缎带
正面

用黏合剂粘上带托盘的发卡
按照先蕾丝缎带，后缎带的顺序在根部用黏合剂粘上
在缎带的两端剪掉1个三角形

手编发带

第9页的作品

线

达摩手编线 接近原毛的美利诺绵羊毛 原色（1）、浅棕色（2）、橙红色（16）各3g/各1团

其他材料

环形橡皮筋1个

成品尺寸

头围约51cm（橡皮筋算在内）

编织要点

● 用3种颜色的线分别做手指仿莉莉安编织。

● 把3根织片编成三股辫。（参照P.31）

● 三股辫的编织起点和编织终点夹住环形橡皮筋用线缝起来。

主体 原色、浅棕色、橙红色各1根

（手指仿莉莉安编织）

约58cm（30行）

约52cm

（4针）起针

编成三股辫主体的两端翻折夹住环形橡皮筋，用线缝起来

2cm　　2cm

实物粗细的线

双色手环

第9页的作品

线

和麻纳卡 普卡 粉色系混合（2）、红色系混合（6）各3g/1团

其他材料

直径2.5cm的纽扣1颗

成品尺寸

腕围约18cm

编织要点

● 用2种颜色的线做手指仿莉莉安编织。

● 两根线的两端紧紧地打结，在打结的其中一端用共同的线缝上纽扣。

实物粗细的线

主体 粉色系、红色系各1根

（手指仿莉莉安编织）

约18cm（10行）

（4针）起针

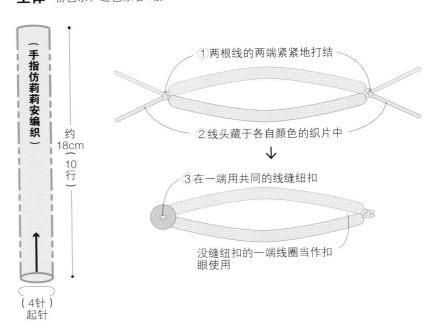

①两根线的两端紧紧地打结

②线头藏于各自颜色的织片中

③在一端用共同的线缝纽扣

没缝纽扣的一端线圈当作扣眼使用

Yubi Lily-yarn aml

环保刷帚

用 100% 腈纶线编织的话
能够做出来环保刷帚。
这是一个不用洗涤剂也能洗净碗碟、
浴缸等的便利帮手。

设计、制作 ● 横田美奈
编织方法 ● P.13

环保刷帚

第12页的作品

• • • • • • • • • • • • • • • • • • • •

线

达摩手编线 多色

a：浅蓝色系段染（104）6g/1团

b：粉色系段染（101）5g/1团

c：黄色系段染（102）5g/1团

成品尺寸

共同：直径约9cm

编织要点

共同：分别做手指仿莉莉安编织，留60cm的线后剪断。

a：编织起点放在中心后把细长的筒状织片一圈圈地盘起来做成圆形，用剩下的线缝合织片。

b：把细长的筒状织带按六片花瓣的样子做成形状，用剩下的线在中心部平针缝固定。

c：把细长的筒状织带按五片花瓣的样子做成形状，用剩下的线平针缝固定，整理形状。

节日装饰

第14页的作品

• • • • • • • • • • • • • • • • • • • •

线

Ski Bambi 彩虹色混合（608）50g/1桄（3个）

其他材料

直径2.5mm的铝丝50cm×3根　钳子

成品尺寸

宽约10cm，高约19cm（细绳不算在内）

编织要点

● 手指仿莉莉安编织。编织起点和编织终点的线头都留20cm。

● 铝丝的两端都用钳子做圆。

● 在细长的筒状织片里头插入做好圆头的铝丝，在两头穿上线头绑紧不让铝丝露出来。

● 用手把装了铝丝的织片做成形状。

● 把50cm的线对折，根据做流苏的要领将线挂在主体上，线头打个蝴蝶结。

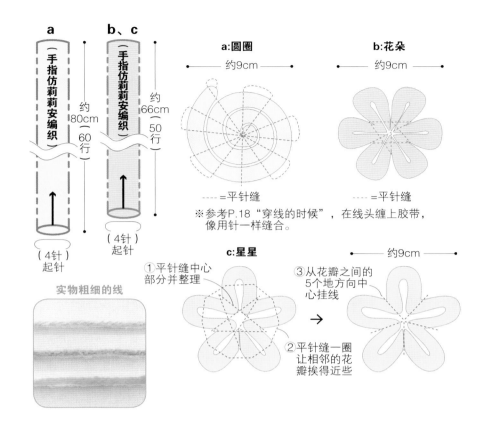

a

（手指仿莉莉安编织）

约80cm（60行）

（4针）起针

b、c

（手指仿莉莉安编织）

约66cm（50行）

（4针）起针

实物粗细的线

a:圆圈

约9cm

-----=平针缝

b:花朵

约9cm

-----=平针缝

※参考P.18"穿线的时候"，在线头缠上胶带，像用针一样缝合。

c:星星

①平针缝中心部分并整理

②平针缝一圈让相邻的花瓣挨得近些

③从花瓣之间的5个地方向中心挂线

约9cm

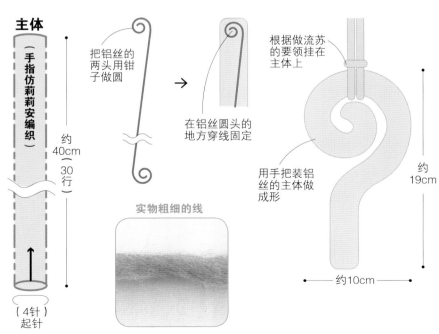

主体

（手指仿莉莉安编织）

约40cm（30行）

（4针）起针

实物粗细的线

把铝丝的两头用钳子做圆

在铝丝圆头的地方穿线固定

根据做流苏的要领挂在主体上

用手把装铝丝的主体做成形

约19cm

约10cm

Yubi Lily-yarn ami

圣诞花环

变换色彩进行手指仿莉莉安编织，
将各种颜色加入到线团之中并用丝带在
中间部分打结使其凹陷。

设计、制作 ◉ 横田美奈
编织方法 ◉ P.15

Yubi Lily-yarn ami

节日装饰

非常适合圣诞节、
狂欢节的节日装饰。
其中由铝丝支撑，
可以自由做成任何形状。

设计、制作 ◉ 横田美奈
编织方法 ◉ P.13

圣诞花环

第14页的作品
• •

线

Ski Primo Cube 白色（801）30g/1团、蓝绿色（807）30g/1团

其他材料

直径2.5mm的铝丝70cm、银色缎带2.5cm×240cm、红色丝线15cm×8根

成品尺寸

直径约20cm

编织要点

● 主体是进行颜色更换的手指仿莉莉安编织。不拉伸织片，让线保持在反面连接的状态。

● 每种颜色做4个线团。

● 把铝丝穿进织片里，放入与织片同色的线团，整理织带。

● 用手把织片弯成环形，把铝丝的头和线头整理好。

● 在色彩过渡的地方缠上丝线。其中有4个地方要系上蝴蝶结。

主体

（手指仿莉莉安编织）

约64cm（64行）

重复4次 （8行）（8行）

蓝绿色 ↑ 白色

（4针）起针

线团 白色、蓝绿色 各4个

约4cm

※把线在两根指头上绕30圈做个线团。

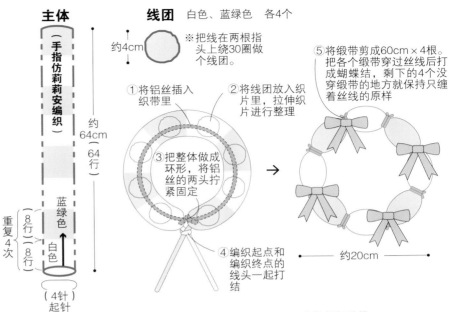

①将铝丝插入织带里

②将线团放入织片里，拉伸织片进行整理

③把整体做成环形，将铝丝的两头拧紧固定

④编织起点和编织终点的线头一起打结

⑤将缎带剪成60cm×4根。把各个缎带穿过丝线后打成蝴蝶结，剩下的4个没穿缎带的地方就保持只缠着丝线的原样

约20cm

实物粗细的线

要点指导

线的替换方法

1 白色线织8行后，将蓝绿色的线放到手指上。

2 捏起食指下方的线绕到手背上。继续编织。

3 白色和蓝绿色编织完成。每次换颜色的时候都留15cm后将线剪断，接上新线。

线团的制作方法

※为使图片看起来更清楚，这里把颜色相反的线团放进去。

1 在两根手指上绕线30圈，剪断线，从手指上摘下来。

2 放入同色的织片中。

3 圆环完成。

流苏围巾

把编好的细细长长的织片放平整理好，三条拼接到一起就成了柔软的围巾啦。再加上流苏，质感超赞。

设计、制作 ◉ 横田美奈
编织方法 ◉ P.17

流苏围巾

第16页的作品

• •

线

达摩手编线 翡翠绿色（3）100g/2团

成品尺寸

宽约13cm，长约157cm（流苏算在内）

编织要点

● 织3条手指仿莉莉安编织织片。3条都要拉伸一下形成筒状后，再向左右拉伸展平。

● 2条织片横排对齐，使用与主体相同的线每隔一行交叉接缝。剩下的1条也用同样的方法接缝到一起。

● 把线剪成50cm×54根，两端各9处分别系上3根流苏。

实物粗细的线

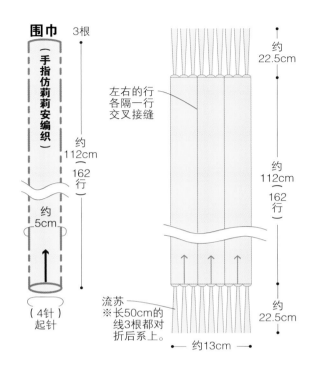

围巾 3根

（手指仿莉莉安编织）

约112cm（162行）

约5cm

（4针）起针

左右的行各隔一行交叉接缝

约22.5cm

约112cm（162行）

约22.5cm

约13cm

流苏
※长50cm的线3根都对折后系上

要点指导

※为使图片看起来更清楚，特别换了另色线。

编好三条织片后接缝在一起

1 用手指仿莉莉安编织方法织162行。编织起点和编织终点的线头插入织片中约10cm后剪断。

（正面）针目很整洁地排列

（反面）横向渡线的每行，都是

2 将织带拉伸整理一下形成筒状后，再往左右拉伸展平。相同方法编织出三条。

3 对齐要接缝的两条织片，线分别穿过第一行边缘的针目里。

4 再在同一针目里穿过。

5 相同的方法缝下一行。

6 适当拉紧线，左右的行各隔一行交叉接缝。缝到终点后，将线头拉到织片里，然后剪断。

7 另一条织片也用同样的方法接缝。

接流苏

8 把线剪成50cm后对折，从正面的针目之间穿到反面（实际是3根一起穿进去）。

9 把线头穿进刚刚做出来的环里。

10 拉紧环，流苏系好。

11 用同样的方法在两端都系上流苏后，剪齐线头。

POINT 记下来吧

取线的方法

从线团的中心找到线头，拉出来使用。作品编织完成前，别把商标摘掉。

想要休息的时候

找支笔或细棒代替手指插到针目里。再开始编织的时候，把手指重新插回去就可以了。

穿线的时候

线头穿过织片的时候，会遇到不好穿的情况，这时在线头上缠上一块透明胶带，变成针尖状就会很轻松地穿过织片了。

Yubi
kagibari ami

step 2

手指仿钩针编织

钩针，是指前端呈钩子状的织针。

主要的编织方法有"锁针编织""短针编织"等，

用一根钩针一针一针地编织。

右手食指代替钩针来编织，称为"手指仿钩针编织"。

首先来记住一圈圈织环形的编织方法，

再自由地从平面编织到立体编织吧。

Yubi kagibari ami

圆形坐垫

使用超级粗线编织的软软的坐垫，
由短针编织的环形组成。
使用两种颜色是要点。

设计、制作 ● 青木惠理子
编织方法 ● P.21

圆形坐垫

第20页的作品

线

和麻纳卡 Doux 褐色（6）40g/1桄、原色（1）35g/1桄

成品尺寸

直径约30cm

编织要点

环形起针，参考编织符号图加针、编织、配色，共织7行。

实物粗细的线

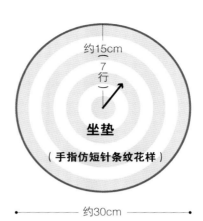

约15cm
（7行）

坐垫

（**手指仿短针条纹花样**）

约30cm

坐垫

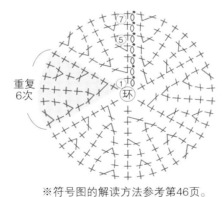

重复6次

环

针数表

7行	42针	（+6针）
6行	36针	（+6针）
5行	30针	（+6针）
4行	24针	（+6针）
3行	18针	（+6针）
2行	12针	（+6针）
1行	6针	

配色

—— 褐色

—— 原色

※符号图的解读方法参考第46页。

编织方法 **环形起针** 环

线团端

线头端

1 在左手的食指、中指、无名指的三根手指上绕线做环。

2 取下来后，左手的拇指和中指捏住交叉的部分。像图中所示那样将线团端挂在左手的指头上。

3 把右手食指伸进环中，指背绕线钩出环外。

第1行

锁针 ○

4 钩出环外完成。

5 食指挂线拉出。

6 拉出完成。编织1针立起的锁针。

锁针

短针 十

7 在环中插入食指，指头向下挂线钩出。

8 钩出环外完成。食指上挂着两个线圈。

9 再一次食指挂线，从手指上挂着的两个线圈中引拔出。

10 引拔完成。1针短针织完。

1针短针

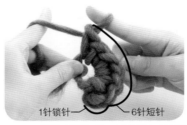

11 重复步骤7~10，环中织入6针短针。

1针锁针 —— 6针短针

12 拉紧短线头，直到看不见环后系紧。

13 食指插入短针第1针头的两根线里面。

换配色线

14 拿着原色线。褐色线待用但不剪断。

引拔针 ◯

15 食指挂上原色线引拔。

16 引拔完成。第1行织完。

17 织1针立起的锁针。

18 锁针织完。在第1行第1针的针头处（与步骤**13**是同一个地方）织1针短针。

19 1针短针编织完成。

短针1针放2针 ∨

20 在同一针目中再织1针短针。

21 同样的在第1行的第1针里织2针短针。全部织完后共12针，将食指插入第1行的针头里。

22 挂上待用的褐色线引拔。原色线待用但不剪断。

23 第2行编织完成。

第3行

24 第3行参考符号图编织褐色线，编织终点是食指插入第1针里，引拔原色线。

25 第3行编织完成。

编织终点

26 同样的方法按照符号图织完7行。

（反面）

27 将织片翻过来，将线头穿进大概5针针目里，剩下的部分剪断。

Yubi kagibari ami

手拎包

P.20 圆形坐垫的改编版。
一圈圈织好后，
接上三股辫编的提手就
变身为可爱的手拎包啦。

设计、制作 ● 青木惠理子
编织方法 ● P.25

手拎包

第24页的作品

线
和麻纳卡 Conte 绿色（5）75g/1团

成品尺寸
宽约24cm，深约18cm（提手不算在内）

编织要点
● 环形起针后参考符号图加针，织4行。接着，同样针数再织6行。
● 准备12根60cm长的线，两根一股编三股辫（参考P.31）织成两根为提手。把提手穿过从上往下第2行的指定位置，在正面打结后剪断。

实物粗细的线

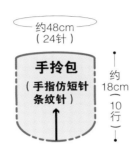

约48cm
（24针）

手拎包
（**手指仿短针 条纹针**）

约18cm（10行）

提手 2根

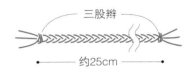

三股辫

约25cm

① 准备60cm长的线12根（6根×2）。
② 两根线一股，在编织起点打一个结再开始编三股辫。
③ 编织起点的结要留在正面。编织终点要穿过提手安装位置，穿过之后在编织终点打一个结，再把线头剪断整理好。
④ 另一面也根据同样的要领安上提手。

手拎包

重复6次

● ＝安提手位置

针数表

10行 ﹥ 5行	24针	
4行	24针	（+6针）
3行	18针	（+6针）
2行	12针	（+6针）
1行	6针	

Yubi kagibari ami

简约毛线帽

P.20 圆形坐垫的改编版。
一起来欣赏肥瘦可变的"竹节花式
纱线"编织成的织片表情吧。
可以轻松改变深度。

设计、制作 ● amy
编织方法 ● P.27

简约毛线帽

第26页的作品

• •

线

Ski Balloon 红色系段染（512）125g/3桄

成品尺寸

头围约53cm，帽深约22cm

编织要点

环形起针后织短针1针放6针。参考符号图加针，编织至第5行。第6行开始到第15行编织相同的针数。

※如果想改变帽子的深浅度的话非常容易。减少行数帽子变浅，增加行数帽子变深。

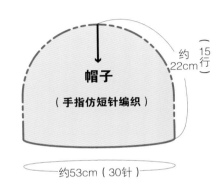

帽子

（手指仿短针编织）

约22cm（15行）

约53cm（30针）

实物粗细的线

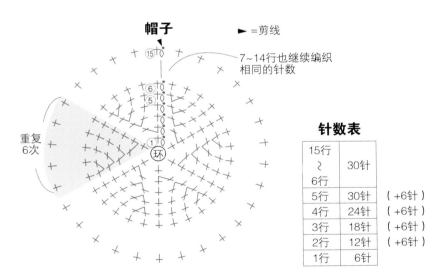

帽子

►=剪线

7~14行也继续编织相同的针数

重复6次

针数表

15行 ∫ 6行	30针	
5行	30针	（+6针）
4行	24针	（+6针）
3行	18针	（+6针）
2行	12针	（+6针）
1行	6针	

Yubi kagibari ami

防寒护腿

锁针起针环形编织成筒状。
穿一根三股辫编的细绳
来调节护腿口的大小。

设计、制作 ● 小野优子(ucono)
编织方法 ● P.29

防寒护腿

第28页的作品

线
和麻纳卡 Of Course！Big 灰粉色(118)
95g/2团

成品尺寸
脚踝周长约24cm，长约25cm

编织要点
● 起18针锁针，在第1针锁针上引拔做环。往上织1针锁针，挑里山织1行手指仿短针。从第2行开始手指仿米形针编织到第19行。
● 细绳用三股辫编成。在穿过细绳的位置打个蝴蝶结。

实物粗细的线

防寒护腿 2根

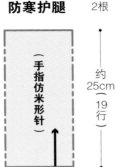

（手指仿米形针）

约25cm（19行）

约24cm（18针）起针

※短针与锁针交叉并排编织的针法称之为"米形针"。

防寒护腿

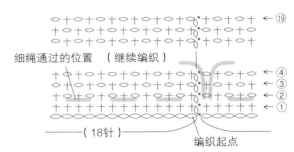

← ⑲

细绳通过的位置 （继续编织）

← ④
← ③
← ②
← ①

（18针）

编织起点

细绳 2根

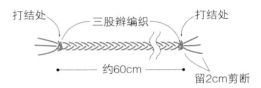

打结处　三股辫编织　打结处

约60cm

留2cm剪断

※准备6根（3根×2）80cm长的线。

编织方法
※使用了与作品不同的线编织。

锁针起针

1 与21页的步骤1~3相同，做环后从环中挂线引拔出。

2 引拔完成。

3 在这里，拉短线头使环收紧。

4 挂线引拔。

5 编织完1针锁针。

6 重复步骤4~5编织完18针锁针。

锁针起针做环

7 注意别让锁针都拧到一块，将手指插入编织起点的锁针里山(※参照P.31)中。

8 挂线引拔。

9 锁针起针织出的环。

第1行

10 编织立起的1针锁针。

11 手指插入起针的第1针锁针的里山(与步骤7是同一个地方)编织短针。

12 织完1针短针。继续编织。

13 第1行的编织终点，将手指插入第1针短针针头的2根线里。

14 挂线引拔。

15 第1行编织完成。

第2行

16 第2行织1针立起的锁针，在前一行的第1针的针头上织1针短针、1针锁针，在前一行的第3针上织短针。继续编织。

第3行

17 第3行织1针立起的锁针+1针锁针，将手指插入前一行的第2针锁针下面的孔里整段挑起编织短针。

18 挑取前一行的锁针编织短针的情形。之后，参考符号图编织。

三股辫的编织方法 ※为使图片看起来更清楚，特别换了另色线。

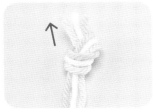

19 三根线拢到一起，线头处打一个结。

20 用胶带把线头固定在桌子上，开始编织。首先是把右边的线移到左边的两根线之间。

21 接着把左边的线移到右边的两根线之间。

22 将右边的线移到左边的两根线之间。

23 左边的线移到右边的两根线之间。

24 就这样反复编织。

25 每一次都要边拉紧线边编织。

26 编织终点打一个结，把线头剪断整理好。

POINT 记下来吧

❀ 关于锁针起针 ❀

"起针"是进行编织的基础。锁针起针的反面就像小包一样突起，这个小包叫作里山。

正面

反面

里山

❀ 挑锁针的方法 ❀

编织锁针作为起针时，有三种挑针的方法。只要没特别要求使用哪一种都可以。

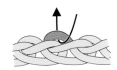

挑锁针的里山
由于锁针的表面留着针，所以编出来的很整洁。

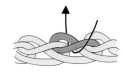

挑锁针的半针和里山
挑取简单，富有安定感。适用于边缘编织等。

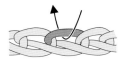

挑锁针的半针
挑取的位置明显，轻松编织。适用于从起针的两侧挑针的时候。

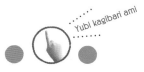

Yubi kagibari ami

防寒手套

防寒手套在戴的时候也可以从
织孔里伸出拇指。
利用圈圈绒线的边缘做出变化吧。

设计、制作 ● 小野优子(ucono)
编织方法 ● P.33

防寒手套

第32页的作品

· · · · · · · · · · · · · · · · ·

线
和麻纳卡SONOMONO (BL) 超粗线 原色(11)
35g/1团、Sonomono Hairly原色 (121) 10g/1
团、SONOMONO LOOP 中粗线 原色 (51)
25g/1团

成品尺寸
手掌围约19cm，腕围约22cm，长约20cm

编织要点
● 线是用SONOMONO (BL) 超粗线和
Sonomono Hairly两根线合一股编织。织锁
针11针，在第1针锁针处引拔做环。在锁针
第1针上织立起的手指仿短针，织10行。

● 挑起起针相对的一侧，取两根SONOMONO
LOOP中粗线，两根线合一股织3行手指仿
短针编织。

防寒手套 2根

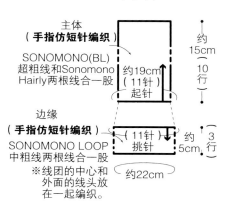

主体
(**手指仿短针编织**)
SONOMONO(BL)
超粗线和Sonomono
Hairly两根线合一股

约19cm
(11针)
起针

约15cm
(10行)

边缘
(**手指仿短针编织**)
SONOMONO LOOP
中粗线两根线合一股

(11针)
挑针

约5cm
(3行)

约22cm

※线团的中心和
外面的线头放
在一起编织。

防寒手套

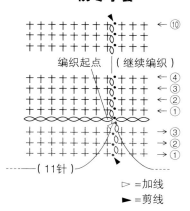

编织起点
(继续编织)

⑩
④
③
②
①

③
②
①

(11针)

▷ =加线
► =剪线

实物粗细的线

↓ SONOMONO (BL) 超粗线

↓ Sonomono Hairly

↓ SONOMONO LOOP 中粗线

要点指导

※为使图片看起来
更清楚，用了另色
线编织。但在实际
编织时使用两根线
合一股编织。

挑锁针的半针和里山

1 参考P.29、30，起针11针锁针做环，
在第1行编织立起的锁针1针后，
挑锁针的半针和里山 (参考P.31)
织1针短针。

2 挑锁针半针和里山织完1针短针。
同样的挑起针锁针的半针和里山织
第1行。

挑起针相对的一侧

3 主体编织10行后，换线后挑起针
相对一侧 (剩下的半针) 织边。

4 引拔后挂线，织立起的锁针1针。

短针编织

5 短针1针织完。接着，挑起针上剩
下的半针织短针。

33

Yubi kagibari ami

绒球毛线帽

挑战一款不同编织方法的帽子。
编织一个长方形的筒状后，
做边缘编织，然后抽紧另一端的边缘，
缝上绒球。

设计、制作 ● amy
编织方法 ● P.35

绒球毛线帽

第34页的作品

线

Ski Melange超粗 藏青色 (2508) 40g/1团、
浅棕色 (2502) 20g/1团

成品尺寸

头围约50cm，帽深约21cm

编织要点

● 用藏青色的线起13针锁针，然后织立起的锁针1针再织1行手指仿短针编织。第2行开始往返织手指仿短针的条纹针。织完20行后，在起针处引拔编织连接。

● 手指仿短针编织3圈作为边缘，每一针都挑第1行的针并用浅棕色的线。

● 在边缘编织的另一端边缘穿线拉紧作为帽顶。

● 参考第7页做个绒球，绑在帽顶。

实物粗细的线

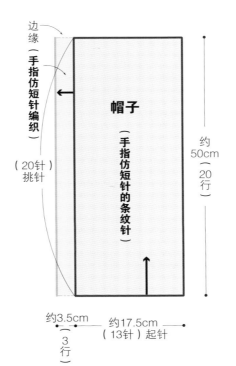

边缘（手指仿短针编织）

（20针）挑针

帽子（手指仿短针的条纹针）

约50cm（20行）

约3.5cm（3行）　约17.5cm（13针）起针

绒球　　浅棕色　1个

约6cm

※绒球是用7cm宽的厚卡纸绕线60圈做成的。

整理方法

②在帽顶缝上绒球

①在帽顶穿过线拉紧

帽子

③②①

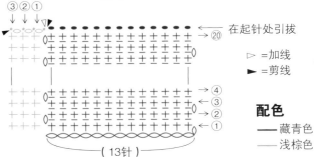

在起针处引拔 →⑳

▷ =加线

► =剪线

→④
→③
→②
→①

（13针）

配色

── 藏青色
── 浅棕色

编织方法

锁针起针

1 参考第29页，织13针锁针的起针。

2 织完13针锁针起针。

第1行

3 接着，织1针立起的锁针。

4 参考第31页，挑起锁针的半针和里山织1针短针。

5 织完1针短针。

6 同样方法织完13针。第1行织完。

第2行

7 织第2行的立起的锁针，把织片按逆时针方向翻过来。

短针的条纹针（从反面织的行）±

8 第2行是看着反面编织的。挑第1行的短针编织的针头在手边的1根线中织1针短针（短针的条纹针）。

9 用短针的条纹针织完1针。

第3行

10 同样的方法织完13针。第2行织完。

短针的条纹针（从正面织的行）±

11 与步骤7相同把织片翻到正面，第3行是看着正面编织。挑取第2行的短针的针头的相反方向的1根线织1针短针（短针的条纹针）。

12 用短针的条纹针织完1针。

在起针处引拔

13 同样的方法织完13针。第3行织完。

14 偶数行是挑取前一行的手前一根线，奇数行是挑取前一行相反方的一根线，共编织20行，调整织片方向。

15 对折，编织终点端和起针端对齐。

16 将食指插入起针对着的半针锁针里。

17 挂线引拔。

18 重复步骤16、17一直织到端头。最后把线引出来后留15cm左右剪断。织片成为筒状。

边缘编织

19 把织片换个方向放置。

20 拿浅棕色的线，顺着织片的藏青色线头，在边上的两个针目里插入食指。

21 挂上浅棕色的线引拔。

22 织上浅棕色的线了。挂线引拔，织立起的锁针。继续在同一位置织第1针短针。

23 第1针织完。第2针以后都是边带着藏青色的线边织，每1针都要挑第1行的针织短针。

24 边缘挑取20针，织完一周。在第1行的头两针处引拔。

在边缘的针里穿线拉紧 ※为使图片看起来更清楚，穿入了另色线。

25 边缘的第1行织完。接着织下面的两行，用短针环形编织。

26 边缘编织完成后，将边缘的相对的另一端向上放置，在另一端针目中穿线。

27 将穿入针目的线拉紧，牢牢打结以防松开。再绑上绒球就完成了。

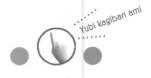

Yubi kagibari ami

圆形披肩

适应了手指仿钩针编织后
我们来挑战织物吧。
长针是很高的针。
使用长针的话，
就算是大件东西也能快速织完。

设计、制作 ● 棚井幸子(catica)
编织方法 ● P.39

圆形披肩

第38页的作品

· · · · · · · · · · · · · · · ·

线
Ski World Selection Balanco 淡紫色系段染
(1204)100g/2团

成品尺寸
身长约43cm，下摆约180cm

编织要点
环形起针后参照图示加针并做往返编织。

实物粗细的线

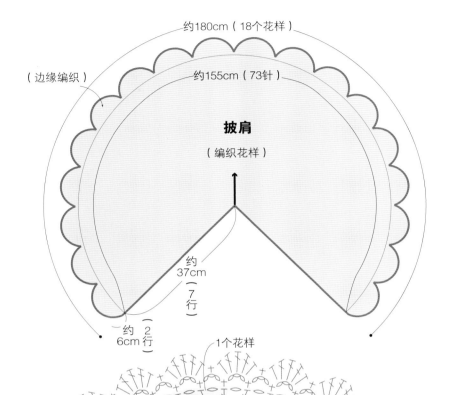

约180cm（18个花样）

约155cm（73针）

（边缘编织）

披肩

（编织花样）

约37cm（7行）

约6cm（2行）

1个花样

1个花样

针数表

7行	73针	（+10针）
6行	63针	（+10针）
5行	53针	（+10针）
4行	43针	（+10针）
3行	33针	（+10针）
2行	23针	（+10针）
1行	13针	

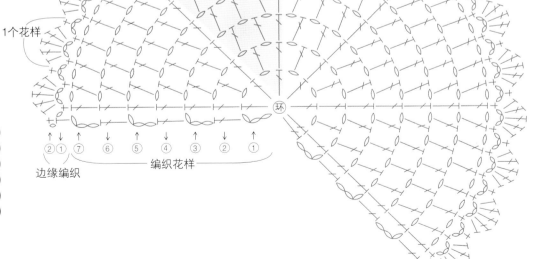

②①⑦⑥⑤④③②①

边缘编织　　编织花样

环

※为使图片看起来更清楚，特别换了另色线。

第1行

1 参考第21页环形起针，织立起的3针锁针。

立起的3针锁针

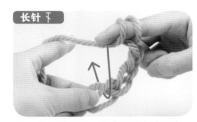

长针 下

2 手指挂线后，将食指插入线圈中。

3 挂线，从环中钩出。

4 钩线完成。

5 挂线，从指尖的两根线中引拔出。

6 引拔完成。

7 再一次挂线，从剩下的两根线中引拔出。

8 织完1针长针。

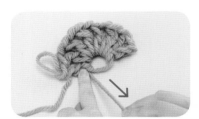

9 按照编织图织完第1行。拉线头把环收紧。

第2行

10 织立起的3针锁针。把织片按逆时针方向翻过来。

11 织片翻过来后（第1行是看着反面编织的，第2行是看着正面编织的）。

12 指头挂线，从第1行的右侧在第2个长针的针头2根线中织长针。

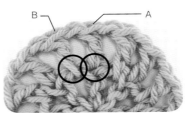

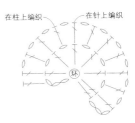

"在柱上编织"和"在针上编织"

13 接着织1针锁针，手指挂线，第2行的第4针的长针是挑起前一行锁针下面的空隙编织的。

14 A是挑前一行的针头编织（在针上编织），B是挑锁针下面的空隙编织（在柱上编织）。之后的按照符号图编织7行。

边缘编织

中长针 ┰

15 边缘编织第1行的最后1针是中长针编织。挂线后，把手指插入前一行的锁针第3针的半针和里山中。

16 挂线钩出。

17 钩线完成。手指挂着3个线圈的状态。

18 再一次挂线，一次性从3个线圈中引拔出来。

19 织1针中长针，边缘编织第1行织完。

20 边缘编织的第2行是织完1针立起的锁针后将织片翻过来，在前一行的中长针的针头上织1针短针，在前一行的3针锁针柱上挑针织1针中长针、3针长针、1针中长针，在相邻前一行的3针锁针上织1针短针。

POINT 记下来吧

❀针的高度和"立起"

锁针和引拔针之外的钩针编织，是根据其高度来区别的。由于不能织出从行的起点突然升高的针，所以首先要织出与那一针同样高度的锁针。这样的锁针被称为"立起的锁针"。

引拔针

※引拔针没有高度→不能立起。

中长针

短针

※短针编织的时候，立起的锁针不算1针。

长针

编织玩偶

圆滚滚的可爱兔子、
狗熊和猴子。
主体是不断地加针或减针一圈一圈地编织，
然后塞入线团做成的。

设计、制作 ● 横田美奈
编织方法 ● P.43

编织玩偶

第42页的作品

线

狗熊：和麻纳卡 BONNY 深棕色（419）
50g/1团、浅茶色（480）少量

兔子：和麻纳卡 BONNY 淡粉色（405）
50g/1团、米黄色（406）少量

猴子：和麻纳卡 BONNY 金褐色（482）
50g/1团、米黄色（406）少量

其他材料

共同：和麻纳卡 圆形纽扣直径9mm（H220-609-1）各2颗、和麻纳卡 编织玩偶鼻子9mm黑色（H220-809-1）各1个

成品尺寸

共同：宽约10cm，高约10cm（耳朵、尾巴除外）

编织要点

● 每个部分分别编织。耳朵环形起针织6行。编织狗熊和兔子的嘴巴、猴子的脸和尾巴时，要将短针拉紧，狗熊和兔子的尾巴用绒球做出来。

● 主体是环形起针，参照图示不加针、减针编织7行。在中间塞入线团，在最后1行穿线拉紧。

● 每个部分缝到主体上。先缝上脸和嘴巴，再缝上鼻子。

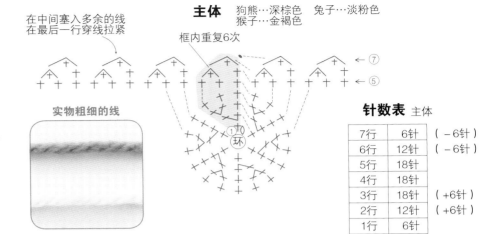

在中间塞入多余的线
在最后一行穿线拉紧

实物粗细的线

主体 狗熊…深棕色 兔子…淡粉色
猴子…金褐色

框内重复6次

针数表 主体

7行	6针	（−6针）
6行	12针	（−6针）
5行	18针	
4行	18针	
3行	18针	（+6针）
2行	12针	（+6针）
1行	6针	

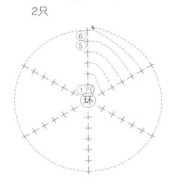

耳朵 兔子…淡粉色
2只

耳朵 狗熊…深棕色
猴子…金褐色
2只

嘴巴

狗熊…浅茶色
兔子…米黄色

约4.5cm
约3cm
编织起点

（20针锁针）

----- =平针缝

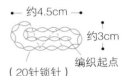

尾巴 狗熊…深棕色
兔子…淡粉色

约3cm

※在4cm宽的厚纸板上缠20圈线做绒球

尾巴 猴子…金褐色

约7cm

（5针锁针）

※编织终点的线留50cm，用平针缝整理形状。

脸

猴子…米黄色

约5cm

编织起点

约6cm

（50针锁针）

----- =平针缝

※编织终点的线留50cm，用平针缝整理形状。

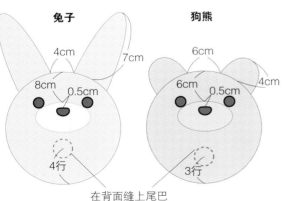

兔子

4cm
7cm
8cm
0.5cm

4行
在背面缝上尾巴

狗熊

6cm
6cm
4cm
6cm
0.5cm

3行
在背面缝上尾巴

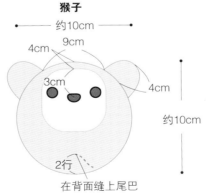

猴子

约10cm
4cm
9cm
3cm
4cm
约10cm

2行
在背面缝上尾巴

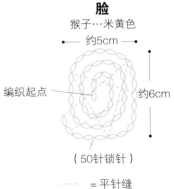

编织方法

※一边织狗熊一边讲解。

主体　第1行

1 参照第21页环形起针，织6针短针，拉紧环。

第2行

不立织短针

2 第2行以后的编织都不立织。首先，把手指插入前一行第1针的针头里。

3 挂线拉出。

4 拉出完成。

5 挂线引拔。

短针1针放2针

6 编织1针短针后，在同一针再织1针短针（短针1针放2针）。

第6行

短针2针并1针　↑

7 同样，不立织短针织到第6行的第1针。第6行的第2针是"短针2针并1针"的织法。首先在前一行的针头里插入手指。

8 挂线拉出。

9 拉出完成。接着，在前一行相邻的针头里插入手指。

10 同样，挂线拉出。

11 拉出完成。手指挂着三个线圈的状态。

12 挂线，一次性通过三个线圈引拔出。

耳朵

13 引拔完成。"短针2针并1针"织好。

14 后面用同样的织法，按照符号图编织。主体编织完成。

15 织两只耳朵。

尾巴

16 参考第7页制作个绒球。

嘴巴

锁针的缩紧方法

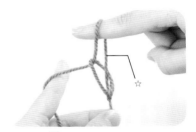

17 参考第29页织锁针的起针。挂线。

18 引拔。

19 在这里，把☆向上拽，拉紧端头的针目。

20 拉紧完成。

21 缩紧之后，拉线团端的线，调整手指上挂的线圈大小。

整理方法

22 接着织锁针，重复步骤**18~21**，拉紧锁针线圈使其均进行编织。

23 20针缩紧锁针编织完成。线头留50cm剪断。

24 锁针的编织起点放在内侧，一圈圈地绕起来，编织终点的线头缠上胶带用平针缝固定形状。

主体的整理方法

※为使图片看起来更清楚，特别换了另色线。
实际编织时请使用与主体相同的线。

（正面）

25 嘴巴的形状完成后，鼻子部件从正面插进去。

（反面）

26 从反面把配套的扣托安上固定。

27 把全部的部件都做好后，剩下的线团塞到主体当中。

28 主体编织好后的线头用胶带缠起来穿到最后行的针目里。

29 穿过所有的针目后，拉紧线头使之缩紧。

30 缩紧完成。线头藏在内侧后把多余的线头剪断。

31 耳朵用编织终点的线缝在主体的指定位置上。

32 用卷针缝缝合。

33 嘴巴也是用编织终点的线，用卷针缝缝合。眼睛是把圆形纽扣用黏合剂粘上，尾巴是绒球装上的。

POINT 记下来吧

❁符号图的解读方法❁

记录针法符号的图称之为"符号图"。
一起来确认一下钩针编织符号图的解读方法吧。

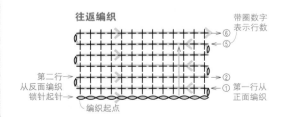

往返编织

带圈数字表示行数
⑥
⑤
②
①第一行从正面编织

第二行
从反面编织
锁针起针

编织起点

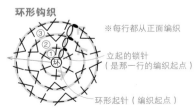

环形钩织

※每行都从正面编织

③
②
①
M

立起的锁针
（是那一行的编织起点）

环形起针（编织起点）

符号图表示的是从正面看到的状态。编织的时候从右向左编织，往返编织的时候要正面、反面交替编织。行的编织起点即立起的锁针，在右侧的行是从正面编织的行，在左侧的行是从反面编织的行。编织环形的时候通常是只看正面一直朝一个方向编织。

step **3**

手指仿棒针编织

棒针，顾名思义，就是指棒形的针，左手右手各一根编织。

而用双手的食指代替棒针进行的编织，就称之为"手指仿棒针编织"。

挂线从左手一针一针地织到右手。

特点是每织一行就要翻个面继续织，所以特别适用于平面的织片。

合理组合织片的话，也能织出一件衣服。

Yubi boubari ami

奢华毛领

仅用下针就能编织出来的作品，
非常适合作为手指仿棒针编织的
出道作品。在边缘缝上纽扣，
套上另一侧的扣眼使用。

设计、制作 ● 小野优子(ucono)
编织方法 ● P.49

奢华毛领

第48页的作品

线

达摩手编线 人造毛皮 褐色（4）10m/1团

其他材料

直径为30mm带脚的纽扣1颗、手缝线、手缝针

成品尺寸

宽约10cm，长约45cm

编织要点

● 两手的食指仿棒针编织。

● 手指起6针，织20行起伏针。最后伏针收针。

● 在起针处钉纽扣。织孔用作扣眼。

实物粗细的线

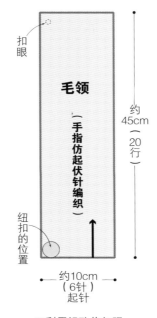

扣眼

毛领

（手指仿起伏针编织）

约45cm（20行）

纽扣的位置

约10cm（6针）起针

※利用织孔作扣眼。

手指仿起伏针编织

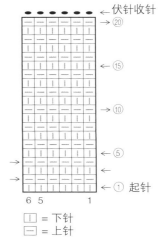

伏针收针

⑳

⑮

⑩

⑤

① 起针

6 5 1

☐| = 下针

☐— = 上针

※符号图表现的是从正面看的效果。从反面织的话与标记的针数相反，实际上把所有的下针都要织出来。

编织方法

※为使图片看起来更清楚，特别换了另色线。

手指起针（第1行）

线团端

线头端

1 线头端留出来宽度的4倍长的线（这里是10cm×4=40cm），参照第5页编个线圈。

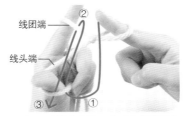

线团端

②

线头端

③ ①

2 如图那样拿着线，右手食指按照箭头指示带着线穿过去。右手食指挂着的线圈就是起针的第1针。

①

3 首先挂上①的线。

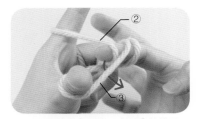

4 接着带着②的线，穿过③的线圈。

5 暂且松开左手拇指的线，按照图中的样子重新挂起后，向外张拇指使线圈缩小。

6 起针的第2针就做好了。起针不要太紧，能放入两根手指为佳。

7 第3针之后都是重复步骤**2~6**的挂线编织。

8 第6针织好后，完成第1行。

9 左手食指从右手食指根插入到织好的线圈中，把起针移到左手的食指上。

第2行

编织下针（看着反面编织下针=上针）

10 把起针移到左手食指完成。

11 左手的食指和中指之间夹上线团端的线向后垂。

12 将右手食指朝前插入最前端的线圈中。

13 把垂在后面的线从上面挂到手指上。

14 将线拉至前面后，线圈从左手食指脱落。

15 下针第1针织完。

16 重复步骤**11~15**编织6针的情况。第2行编织好了。

17 左手食指从右手食指根插入到织好的线圈中，把全部织好的针都移到左手的食指上。

18 把针目移到左手食指上。

第3行

下针编织（看着正面编织下针=下针）

19 第3行也是同样织6针下针。第3行织完。

伏针收针

20 以同样的方法编织完20行，将针目移到左手食指上。

21 首先织两针下针。

22 用右边的针盖住左边的针后从手指上脱落。

23 盖好了。第1针伏针收针完成。

24 接着织1针下针，盖住前1针后从手指上脱落。

25 重复步骤**24**伏针收针。

26 最后剪断线从线圈中穿过系紧。

27 编织完成。在起针处缝纽扣，收针侧的织孔作为扣眼使用。

Yubi boubari ami

三色围巾

用马海毛松松编织的
三种柔和色围巾。
记住下针与上针组合的
编织图的解读方法吧。

设计、制作 ● 铃木敬子(pear)
编织方法 ● P.53

三色围巾

第52页的作品

线

达摩手编线 Wool Mohair 原色（1）、浅棕色（2）、青绿色（3）各10g/1团

成品尺寸

宽约28cm，长约91cm

编织要点

● 两手的食指像棒针一样编织。

● 起20针，边变换线的颜色边编织条纹花样。

● 编织终点用伏针收针，两端正面相对，引拔接缝在一起。

实物粗细的线

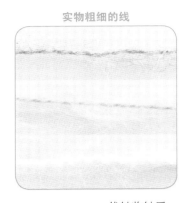

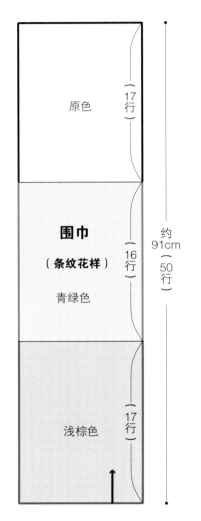

原色（17行）

围巾（条纹花样）

青绿色（16行）

浅棕色（17行）

约91cm（50行）

←约28cm（20针）起针→

条纹花样

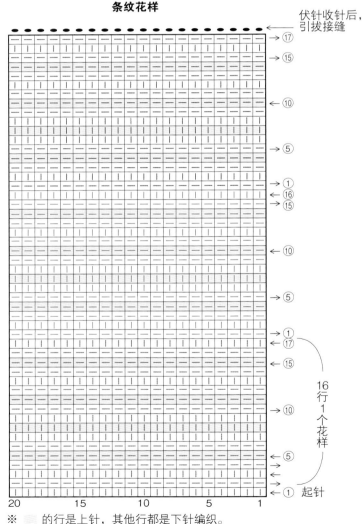

伏针收针后，引拔接缝

16行1个花样

起针

※ ▨ 的行是上针，其他行都是下针编织。

53

※为使图片看起来更清楚，特别换了另色线。
※第1~4行参考第49~51页，全部用下针编织。

第5行
上针

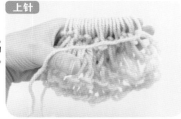

1 线放在织片前，垂挂在左手的拇指上。

2 右手食指如图从相反的方向插入最边上的针里。

3 手指挂线，按箭头所示带线引出。

4 松开左手食指挂着的线圈，上针1针完成。

5 重复步骤1~4织20针上针，织完第5行。

颜色的更换方法

6 织到第17行，针移到左手食指后，将新线夹在左手食指和中指之间，线向后垂。

7 用新的线织下针。要注意别让线头掉出来。

8 用新的线织完第1行。

引拔接缝　　※为使图片看起来更清楚，特别换了另色线。实际编织的时候，请使用主体编织终点的线。

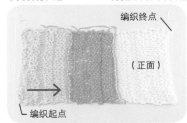

编织终点

（正面）

编织起点

9 更换颜色后，一共织50行，编织终点做伏针收针。

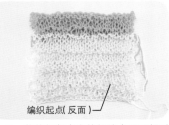

编织起点(反面)

10 将编织起点和编织终点正面相对对齐。

11 将手指插入两片的最边上的针眼里。

12 挂线引拔。

13 引拔完成。下1针也同样挂线引拔。

14 下1针引拔完成后，再引拔前1针。

15 引拔完成。

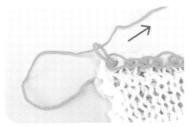

16 重复步骤13~15一直织到端头，将线穿过最后的线圈后拉紧。

17 翻到正面，完成。

POINT 记下来吧

❀ 下针和上针 ❀

棒针编织的基本织法就是"下针"和"上针"。这两种针法是正反面一致的，下针在反面看来就是上针，上针在反面看来就是下针。

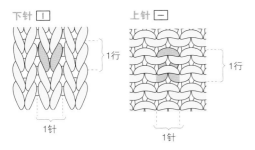

下针 ⊥   上针 ⊟
1行 / 1针   1行 / 1针

起伏针编织
下针和上针交叉出现的织片。
从正面编织的行和反面编织的行都是用下针编织。

符号图（从正面看的状态）

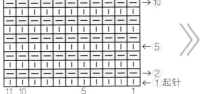

实际编织的时候

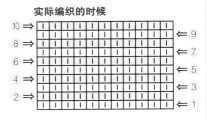

下针编织
下针并列的织片。
从正面编织的行是下针，从反面编织的行是上针。

符号图（从正面看的状态）

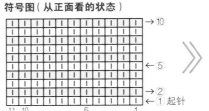

实际编织的时候

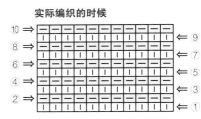

Yubi boubari ami

手指仿麻花花样编织的围巾

学会编织麻花花样后，手指仿棒针编织也会变得更加有趣。
注意下针、上针的同时让我们试着编织一个花样吧。

设计、制作 ● 铃木敬子(pear)
编织方法 ● P.57

手指仿麻花花样编织的围巾

第56页的作品

・・・・・・・・・・・・・・・・・・・・・・・・

线
达摩手编线 Combination Wool 深黄色(9)
120g/3团

成品尺寸
宽约20cm，长约163cm

编织要点
● 两手的食指当作棒针来编织。
● 起16针，按照编织花样编织。编织终点用
伏针收针。

实物粗细的线

围巾
（编织花样）

约20cm
（16针）起针

约163cm
（106行）

※麻花花样又称为交叉花样。

编织花样

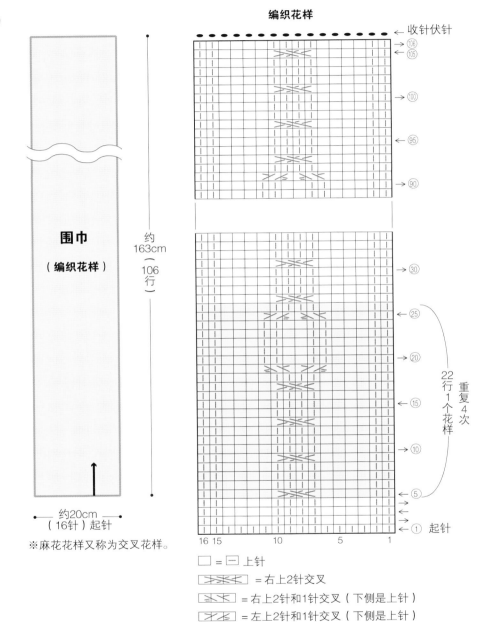

←收针伏针

106
105

100

95

90

30

25

20

22行1个花样 重复4次

15

10

5

① 起针

16 15 　　10 　　5 　 1

□ = □ 上针

= 右上2针交叉

= 右上2针和1针交叉（下侧是上针）

= 左上2针和1针交叉（下侧是上针）

要点指导

※第5行的第6针之前都参考第49~55页织下针和上针。

第5行的第7~10针

右上2针交叉

1 图中针目1、2和针目3、4交叉编织。

2 首先将针目1、2移到左手的拇指上待用。

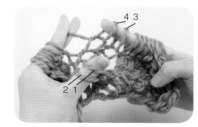

3 将针目3、4织下针。

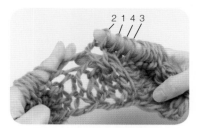

4 待用的针目1、2套回左手食指上，织下针，"右上2针交叉"完成。

第19行的第6~8针

左上2针和1针交叉（下侧是上针）

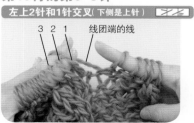

5 将图中针目1和针目2、3交叉编织。

6 首先将针目1移到左手的中指上待用。

7 将针目2、3织下针。

8 在待用的针目1织上针。

9 左上2针和1针交叉（下侧是上针）完成。

第19行的第9~11针

右上2针和1针交叉（下侧是上针）

10 将图中针目1、2和针目3交叉编织。

11 首先将针目1、2移到左手的拇指上待用。

12 在针目3织上针。

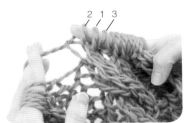

13 待用的针目1、2套回左手食指上，织下针。右上2针和1针交叉（下侧是上针）完成。

POINT 记下来吧

符号图的解读方法

记录针法符号的图称之为"符号图"。
一起来确认一下棒针编织符号图的解读方法吧。

① 右侧竖着排列的数字表示行数，最下面横着排列的数字表示针数。

② 表示编织的方向。编织通常是从右往左进行，右向左的箭头（←）是看着正面编织的行，左向右的箭头（→）是看着反面编织的行。

③ 图中，是省略了针法符号情况。此时，空栏部分织上针就可以。

④ 需要重复的花样以一个单位表示。这样的情况，从第5行到第26行共22行，要重复编织4次。

※符号图表示的是从正面看的效果。从反面织行的时候，要织与符号图相反的针（下针就织成上针，上针就织成下针）。

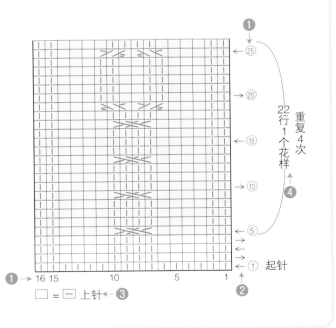

□ = 上针 ← ③

Yubi boubari ami

马甲

这是一款将长方形的织片组合成的马甲。
如果搭配恰当，这个马甲可适合各个年龄
阶段的男女穿着。

设计、制作 ● 棚井幸子(catica)
编织方法 ● P.61

马甲

第60页的作品

线
和麻纳卡 Conte 灰色（2）210g/3团、
Sonomono Hairly 灰色（125）30g/2团

其他材料
直径3cm的纽扣1颗

成品尺寸
胸围约90cm，衣长约46.5cm

编织要点
● 线是由Conte和Sonomono Hairly两根线合一股编织。
● 两手的食指模仿棒针进行编织。
● 身片是各自起针，手指仿起伏针织6行。接着后身片用手指仿下针编织，右前身片、左前身片用手指仿下针编织和起伏针编织18行。最后用伏针收针。
● 胁是挑针缝接缝，前后肩部正面相对，用卷针缝缝合。
● 衣领是看着身片的反面挑针，手指仿下针编织7行。最后用伏针收针。
● 缝纽扣（织孔用作扣眼）。

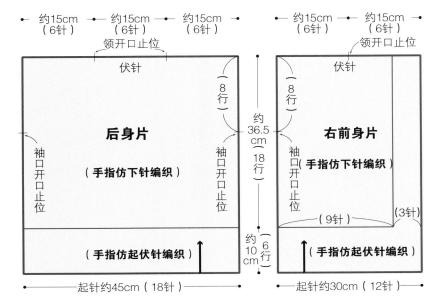

※全部由Conte和Sonomono Hairly两根线合一股编织。 ※左前身片为对称编织。

实物粗细的线

↓Sonomono Hairly

↓Conte

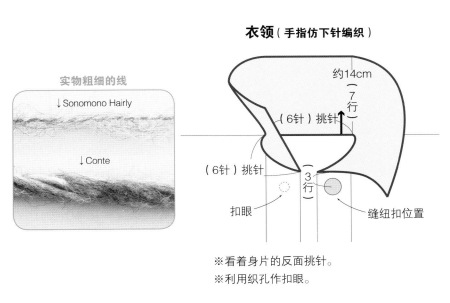

衣领（手指仿下针编织）

约14cm
（7行）
（6针）挑针
（6针）挑针
（3行）
扣眼
缝纽扣位置

※看着身片的反面挑针。
※利用织孔作扣眼。

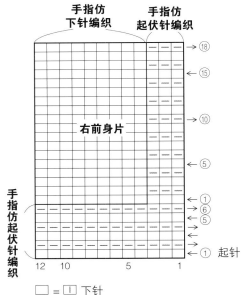

□ = 下针

编织身片

1 参考49~51页，后身片起18针，再用手指仿起伏针编织6行，手指仿下针编织18行，最后伏针收针。

右前身片　左前身片

2 前身片左右对称，各起12针，再用手指仿起伏针编织和仿下针编织（参考55页）。分别用伏针收针。

挑针缝接缝

手指仿起伏针编织时

— 左前身片

— 后身片

3 左前身片和后身片正面朝上对在一块，挑起手前的起针接缝。

4 再挑对面一侧的起针接缝。

5 接下来，挑手前最边上的一针内侧的下半圈（针和针之间的渡线）。

6 挑对面一侧最边上的一针内侧的下半圈。慢慢拉紧线使其从外表看不出来。

7 下针行也同前，挑手前最边上的一针内侧的下半圈（图片是为了看起来更清楚才让线露了出来）。

8 挑对面一侧最边上一针内侧的下半圈。

9 同样挑针，拉紧线，接缝完成6行。

手指仿下针编织时

10 手指仿下针编织时也同样，挑手前最边上的一针内侧的下半圈。

11 挑对面一侧最边上的一针内侧的下半圈。

12 每隔一行相互挑起下半圈（图片是为了看起来更清楚才让线露了出来）。

13 重复接缝"挑起下半圈拉紧缝线"到下针编织的第10行。

14 竖着放织片，从反面看到的效果如图。

※后身片和右前身片也是同样钉缝。

卷针缝缝合

15 后身片和左前身片的肩部正面相对对齐捏住。

16 从最边上的针的半针处插入线头，按照图中箭头所示依次穿过半针锁针。

17 第6针用卷针缝缝合完成。

18 从正面看线是如图穿过的。

※后身片和右前身片的肩部也同样用卷针缝缝合。

衣领的挑针

19 衣领是看着身片的反面挑针。手指插入左前身片边上如锁针状的两根线中，挂线后拉出。

20 拉出后。下一针同样挂线拉出。

21 从左前身片的6针里织的6针挑针。

22 接着在后身片也织同样数目的挑针。

23 从后身片的6针里织完6针挑针。接着在右前身片也织同样数目的挑针。

24 从右前身片的6针里织完6针挑针，全部18针挑针完成。这个作为第一行，衣领一共织7行手指仿下针编织。

DAREDEMO KANTAN YUBI AMI（NV80488）

Copyright © NIHON VOGUE-SHA 2015All rights reserved.

Photographers: YUKARI SHIRAI, KOJI OKAZAKI

Original Japanese edition published in japan by NIHON VOGUE CO., LTD.,

Simplified Chinese translation rights arranged with BEIJING BAOKU INTERNATIONAL

CULTURAL DEVELOPMENT Co., Ltd.

豫著许可备字-2015-A-00000530

图书在版编目（CIP）数据

无需编织工具！一学就会的奇妙手指编织 / 日本宝库社编著；李云译. —郑州：河南科学
技术出版社，2016.9

ISBN 978-7-5349-8290-3

Ⅰ.①无… Ⅱ.①日… ②李… Ⅲ.① 手工编织-图解 Ⅳ.① TS935.5-64

中国版本图书馆CIP数据核字（2016）第185187号

出版发行：河南科学技术出版社
　　　　　地址：郑州市经五路66号　　邮编：450002
　　　　　电话：（0371）65737028　　65788613
　　　　　网址：www.hnstp.cn
策划编辑：刘　欣
责任编辑：刘　欣
责任校对：耿宝文
封面设计：张　伟
责任印制：张艳芳
印　　刷：北京盛通印刷股份有限公司
经　　销：全国新华书店
幅面尺寸：210 mm×260 mm　　印张：4　　字数：100 千字
版　　次：2016年9月第1版　　2016年9月第1次印刷
定　　价：36.00元